iPad数字绘画
创作全攻略

史悟轩 著

U0161147

化学工业出版社

·北京·

本书针对设计草图、插画、漫画、矢量图形、动画等领域，使用iPad平台上的不同软件——SketchBook、Procreate、MediBang Paint、Vectornator、Affinity Designer、RoughAnimator等进行讲解和示范，根据所选软件的功能特点，选择不同类型、不同风格的13个案例作品进行创作演示和详细讲解。为方便读者学习、实战，本书附有案例源文件，读者可登录化学工业出版社官网搜索本书，在"资源下载"处免费下载使用。

本书适用于高等院校艺术设计、美术、绘画专业师生和相关从业者、爱好者。

图书在版编目（CIP）数据

iPad数字绘画创作全攻略／史悟轩著．-- 北京：
化学工业出版社，2019.11（2022.2重印）
ISBN 978-7-122-35218-7

Ⅰ．①i… Ⅱ．①史… Ⅲ．①图象处理软件 Ⅳ．
① TP391.413

中国版本图书馆 CIP 数据核字（2019）第 202874 号

责任编辑：张　阳　　　　　　　　装帧设计：张　辉
责任校对：杜杏然

出版发行：化学工业出版社（北京市东城区青年湖南街 13 号　邮政编码 100011）
印　　装：中煤（北京）印务有限公司
787mm×1092mm　1/16　印张 7½　字数 169 千字　2022 年 2 月北京第 1 版第 4 次印刷

购书咨询：010-64518888　　　　　售后服务：010-64518899
网　　址：http://www.cip.com.cn
凡购买本书，如有缺损质量问题，本社销售中心负责调换。

定　　价：49.80 元

版权所有　违者必究

前言

设计师、插画师、漫画家……

这些听起来很酷的工作，实际做起来，往往不如听上去那么酷：憋在压抑的办公室、工作室里，蜷缩办公桌前，双眼布满血丝，死死地盯着屏幕，交不了稿就哪儿都去不了……

让我们手指一划，把这一页永远翻过去吧！找个有阳光、有微风的地方，有咖啡、有奶茶的地方，呼吸着新鲜的空气，拿出轻便而强大的iPad和Apple Pencil开始心情愉悦地工作吧！

在这本书中，笔者选择了在各个领域应用广泛、功能强大的App，通过一些案例作品向大家示范了iPad在各类型作品中的应用方法和基本流程。鉴于iPad端绘图、设计App的特点，本书并没有按照传统电脑绘图软件的学习方法，将所有功能都罗列出来，而是通过逐步提高难度的范例，在实际演示过程中对常用的功能进行循序渐进地讲解。每章节所选择的范例，也力图能够覆盖App的功能所及，通过创作、绘制不同类型、风格的作品，尽量对App的各项功能进行完整的展示。此外，本书附有案例源文件，大家可登录http://download.cip.com.cn/免费下载使用。

所以，无论您是专业人士、初学者或是业余爱好者，都可以在这本书中学到使用iPad来完成日常工作、学习的方法和技巧。由于本人水平与篇幅的限制，书中难免有疏漏之处，还望同行、读者朋友们原谅、指正。

最后，希望能够在尽量简短的时间里，帮助大家进入心情愉悦的工作状态中！

感谢大家的支持！

史悟轩

2019年8月

目录

第1章

iPad数字绘画概述

1.1
iPad数字绘画的发展

在数字绘画发展的初期，由于绘图设备高昂的价格，只有少数艺术家可以接触到这种方便快捷的创作方式（图1-1-1）。随着设备价格的下降，数字绘画逐渐成为商业艺术创作的主要手段，广泛应用在出版、影视等领域。

图1-1-1　Wacom手绘板

数字绘画在影视特效领域应用广泛，尤其为科幻、魔幻类的电影和动画电影提供了美术方面的支持。如在2019年上映的电影《小飞象》（图1-1-2）中，就有大量使用数字绘图的方法绘制完成的特效和背景。

图1-1-2　《小飞象》中的特效

随着平板电脑设备，尤其是iPad的出现，越来越多的创作者开始尝试使用这种更为便捷的设备进行创作。

自2010年发布初代iPad（图1-1-3），到2015年发布初代iPad

图1-1-3　初代iPad

Pro和Apple Pencil（图1-1-4），苹果公司逐渐将iPad从娱乐设备变成了一部具有强大性能的生产工具。现在，除了iPad Pro之外，iPad Air和iPad mini也开始支持Apple Pencil，这使得越来越多的艺术家、设计师开始使用iPad来完成绘画、设计工作（图1-1-5、图1-1-6）。

图1-1-4　初代iPad Pro和初代Apple Pencil

图1-1-5　著名漫画家Robert Marzullo使用iPad端Procreate绘制的漫威漫画

图1-1-6　知名设计工作室"Juan Manuel Orozco"使用Affinity Designer绘制的插画

1.2
iPad数字绘画软件

当然，iPad不是市面上唯一的平板设备，也不是唯一具有手写笔功能的平板设备，很多绘图和设计App会同时推出iOS、Android、Win和Mac版本（图1-2-1～图1-2-4），本书中所涉及的一些App即可同时在iOS和Android平台使用。但是，由于iOS更为丰富的生态系统，以及iPad强大的性能和App界面的易用性，更多的艺术家还是选择iPad作为艺术创作的便携工具。

图1-2-1　Wacom平板电脑

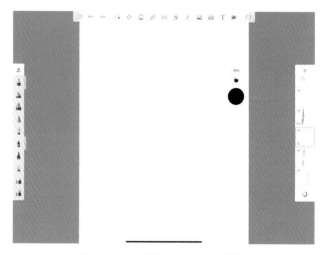

图1-2-2　iOS端的SketchBook界面

图1-2-3　PC端的SketchBook界面

与传统的桌面电脑的操作方式不同，iPad的主要操作由用户的手指和Apple Pencil完成，而非键盘和鼠标，且屏幕尺寸相对较小。所以，iPad绘画App的功能并非越全越好，因为越是完整的功能，则意味着越复杂的界面和操作，这必将提高用户的使用难度。而简单地将桌面电脑的软件移植到平板电脑，并不能提高创作者的工作效率。

所以，本书所选择的App尽量兼顾了功能的完整性和界面的易操作性。针对不同创作软件，将在各章节进行具体的介绍和比较。

后面章节中所介绍的软件基本涵盖了数字绘画、设计创意等日常工作内容，以满足读者各自所需（图1-2-5）。第2章所使用的Autodesk SketchBook，可用来绘制各种设计草图、速写、涂鸦；第3章的Procreate则适用于书籍或数字媒介的插画创作；第4章中所介绍的MediBang Paint是一款针对性较强的软件，主要用于漫画，尤其是日式漫画的绘制；第5章选择了Vectornator和Affinity Designer两款矢量绘图软件，分别用于Logo设计和矢量风格插画的绘制；第6章对在iPad端进行动画创作进行了尝试，选择了RoughAnimator这款由专业动画师开发的动画软件，虽然所创作的动画还不能达到商业级别，但给创作者提供了方便的工

图1-2-4　Android端的SketchBook界面

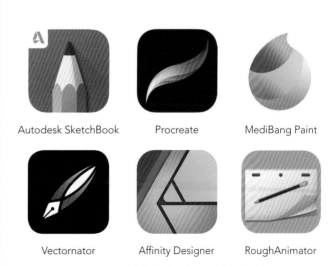

图1-2-5　本书中使用的iPad绘画软件

具，可以进行简单动画或动画草图的设计工作。

本书选择iPad绘画App的另一个重要标准是其文件的兼容性。对于专业的创作者来说，iPad是为了满足更为便携和直观的创作需求，却并不能完全代替桌面电脑。所以，在App中创作的作品能否导入、导出标准的PSD、JPG、PNG、AI、SVG等文件格式就更为重要。强大的文件兼容性，可以保证创作者在不同平台间继续完成自己的作品，也利于更好地进行团队合作。

第2章

设计草图的绘制
——SketchBook

Autodesk公司的SketchBook是一款跨iOS、Android等多个平台的绘图App，在设计领域有广泛应用（图2-0-1）。SketchBook界面简洁、易于上手，同时具备了绘制草图常用的工具，且内置了大量实用的笔刷，非常适合用来快速绘制草图、设计稿等，因此被广泛运用在各个创意领域当中。

Tip

桌面版本的SketchBook增加了动画功能，可帮助设计师、动画初学者快速实现动画的设计和绘制，而在iOS平台，则推出了单独的动画App——SketchBook Motion（图2-0-2）。

SketchBook的界面非常简洁，只有工具栏、画笔栏、图层栏三大部分（图2-0-3）。在画笔栏中可以选择常用的笔刷，也可以打开画笔库后选择更多的笔刷，或对某个笔刷进行详细的设置。

图2-0-1 SketchBook 软件Logo

图2-0-2 SketchBook Motion软件Logo

工具栏

画笔栏

图层栏

图2-0-3 SketchBook的界面

2.1
速写创作

SketchBook内置的笔刷，可以用来模拟现实中常用的各种绘画工具，如铅笔、毛笔、马克笔、涂料等，便于用来绘制速写等作品。下面的案例中，将以一幅教堂写生作品为例，对其笔刷和绘画过程进行介绍。

1. 首先，在界面左侧的画笔栏中，选择"主铅笔"工具（图2-1-1），使用黑色（R：0，G：0，B：0），在默认图层上绘制作品的草图。草图主要画出建筑的造型和比例关系，以及整体的明暗效果（图2-1-2）。

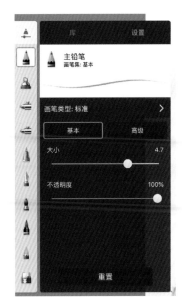

图2-1-1 铅笔

Tip

使用画笔中"艺术"分类中的各种铅笔笔刷时，可将Apple Pencil倾斜，产生使用铅笔侧锋进行绘画的效果。

图2-1-3是SketchBook的"画笔调整"工具。点击上方的画笔图标，可打开画笔库面板和设置面板，来选择更多类型的画笔或对画笔进行详细设置；按住上方的画笔

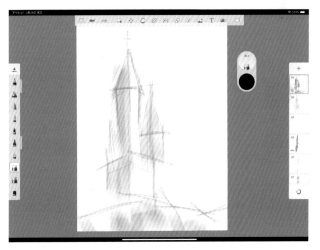

图2-1-2 草图

图2-1-3 "画笔调整"工具

图标，左右拖动，可调整画笔的尺寸；上下拖动，则可调整画笔的透明度；点击下方的颜色，可打开取色器。

2. 点击图层面板中的图层，在弹出的菜单中降低图层透明度至30%（图2-1-4）。新建图层，点击左侧的画笔栏，继续选择上一步中所使用的铅笔画出线稿。

图2-1-4　图层属性面板

Tip

"图层"是在数字绘画领域中极为常用的概念。在绘画过程中，创作者常常将画面按照物体的前后顺序、色彩的关系等原则，将各部分独立地绘制在不同的图层中，以便对画面进行更为灵活的修改和调整。灵活使用图层，可大大提高创作的效率和质量。

绘制前方的建筑时，可使用较深的黑色；绘制后方的建筑时，可使用较浅的灰色（R：107，G：107，B：107），来营造画面的层次感（图2-1-5）。

图2-1-5　线稿

3. 关闭草图层。新建图层，选择"艺术家"分类中的"撒盐水彩笔"（图2-1-6），使用较浅的棕色（R：149，G：132，B：115），画出建筑基本的颜色和明暗（图2-1-7）。

图2-1-6 撒盐水彩笔

图2-1-7 画出建筑基本的颜色和明暗

11

4. 使用"艺术家"分类中的"溢出水彩笔"（图2-1-8）、"彩釉笔"（图2-1-9），缩小画笔的尺寸，逐步刻画建筑更多的细节（图2-1-10、图2-1-11）。

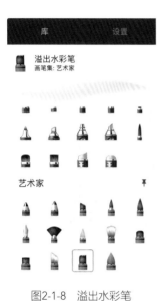

图2-1-8　溢出水彩笔

图2-1-9　彩釉笔

图2-1-10　刻画建筑细节

图2-1-11　刻画更多细节

5. 新建图层，选择饱和度较低的颜色（R：86，G：68，B：50），概括地画出后方建筑和处于画面最前面的树丛，忽略部分细节，以突出主体建筑（图2-1-12）。

6. 在所有图层的最下方，新建一个图层来绘制天空背景。在绘制过程中，如需调整图层顺序，按住需要移动的图层不动，然后拖动到所需位置即可。

在新建的背景图层上，使用"艺术家"分类中的"概念笔2号"画笔（图2-1-13），画出天空的蓝色（R：189，G：225，B：224），然后使用"涂污"分类中的"涂抹网状画笔"（图2-1-14），涂抹出天空的纹理效果。由于天空层的颜色与建筑的颜色有重

图2-1-12 完成后方建筑和前面的树丛

图2-1-13 概念笔2号

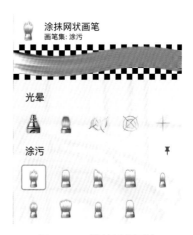

图2-1-14 涂抹网状画笔

合部分，所以需要使用橡皮将重合
部分的天空擦除掉（图2-1-15）。

7. 完成绘制后，可参考图2-1-16
整理图层顺序。

图2-1-15　绘制天空

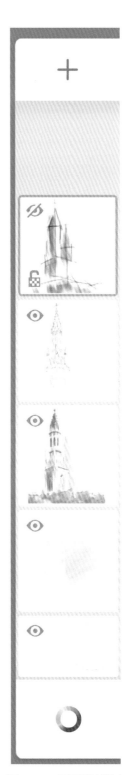

图2-1-16　图层排列顺序

2.2 产品设计草图创作

Autodesk SketchBook在工业设计领域有广泛应用，本节我们将通过绘制一个智能水杯的造型，来熟悉SketchBook的更多功能。

1. 新建画布后，首先选择"主铅笔"工具，使用黑色（R：0，G：0，B：0），在默认图层上进行初步的草图绘制（图2-2-1）。然后，在其中选择较为满意的方案进行进一步设计。

2. 新建图层。继续使用"主铅笔"工具，利用"导向"工具中的"标尺"和"椭圆"工具（图2-2-2）来绘制杯子造型的轮廓。

> **Tip**
>
> 使用"标尺"工具绘制直线时，一个手指可移动出现在画布上的直尺，两个手指则可以旋转直尺到不同角度。调整好位置和角度后，即可用铅笔沿直尺画出直线。
>
> "椭圆"工具可用来绘制圆形和曲线。绘制出圆形后，拖动上方的按钮，可调整标尺的椭圆程度，拖动右侧的按钮则可调整其大小。

图2-2-1 初步草图

图2-2-2 "导向"工具

首先利用"标尺"工具，确定杯子的中线，以及两侧的轮廓；然后利用"椭圆"画出顶面与底面的造型（图2-2-3）。

打开工具栏中的"对称"功能，选择弹出菜单中的第一个"Y轴对称"（图2-2-4），画面会以为对称轴为准分为左右两侧，在一侧绘画时，另一侧会自动生成对称的笔画图像。

通过使用"对称"功能，可直接绘制出对称的水杯造型，大大提高工作效率。

图2-2-3 绘制轮廓

Tip

通过打开不同类型的对称，可绘制上下、左右或径向对称的图形。为防止绘制时误移动对称线，可点击右侧的锁定图标 🔒 将对称轴锁定。

图2-2-4 对称功能菜单

3. 确定造型比例后,通过灵活调整标尺,画出水杯的更多设计细节(图2-2-5~图2-2-8)。

图2-2-5 绘制草图

图2-2-6 添加细节

图2-2-7 绘制杯套

图2-2-8 添加纹理细节

4. 在画笔栏中打开"画笔库"，在"传统"分类中，选择"软喷笔"（图2-2-9），画出智能水杯的黑色部分；选择"硬喷笔"（图2-2-10），继续刻画黑色部分的细节。在绘制中，注意通过控制笔的压力，来表现不同位置颜色的深浅，逐渐刻画出细节（图2-2-11）。

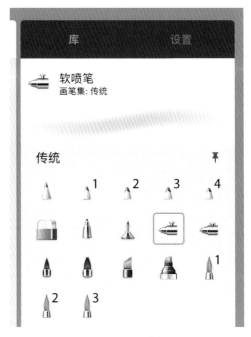

图2-2-9 软喷笔

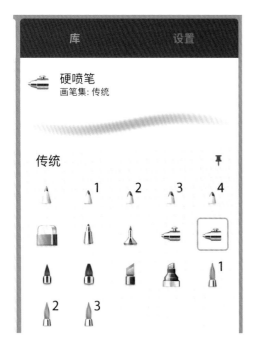

图2-2-10 硬喷笔

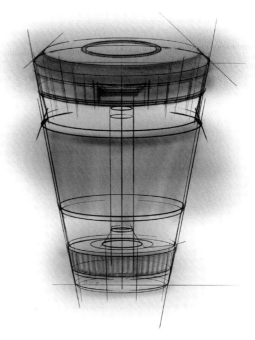

图2-2-11 为黑色部分上色

5. 使用"硬喷笔",为水杯内部的加热器和下方的充电口上色（R: 253,G: 125,B: 69）（图2-2-12）。

6. 绘制更多的细节以体现水杯不同部分的质感。在画笔库中选择"超细粒状"画笔（图2-2-13），来表现水杯中间部分的质感（图2-2-14）。

在绘制产品设计作品时，灵活使用"标尺"工具和"对称"工具，可大大提高工作效率。读者也可以尝试使用"对称"工具中的不同对称方式，设计、绘制有趣的装饰图案。

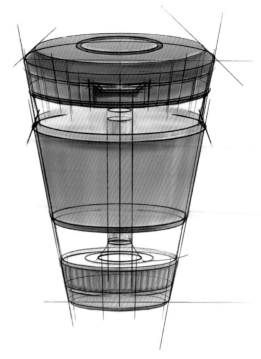

图2-2-12 为加热器和充电口上色

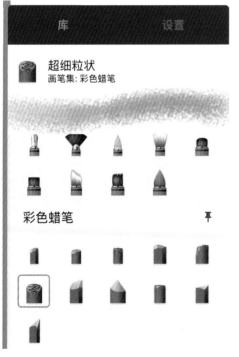

图2-2-13 "超细粒状"画笔

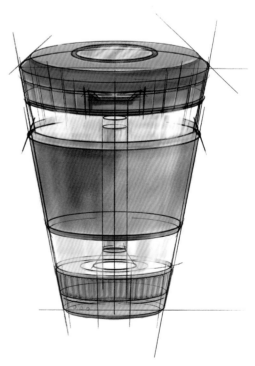

图2-2-14 绘制纹理、细节

2.3
涂鸦作品创作

得益于丰富的笔刷和灵活的图层功能，笔者常常使用SketchBook绘制各种涂鸦式的造型图案。在下面的例子中，笔者将逐步讲解如何绘制一幅造型较为夸张的涂鸦作品。

1. 新建画布，选择"主铅笔"工具，使用黑色（R：0，G：0，B：0），在默认图层上画出草图（图2-3-1）。新建图层，并选择"针笔"（图2-3-2），描绘出作品的线稿（图2-3-3）。

图2-3-1　草图

图2-3-2　针笔

图2-3-3　线稿

Tip

在绘制线条时，为了避免线条不必要的抖动，可打开"预测笔迹"功能，并相应提高级别的数值，就可以对用户画的线条进行光滑处理（图2-3-4）。

图2-3-4 "预测笔迹"按钮

2. 在线稿层的下方，新建一个图层用来填色，作为底色层。在工具栏上选择"填色"工具，根据线稿线条的封闭情况，调整容差值的滑动条（图2-3-5）；点击右侧的按钮，将填色模式切换为"对所有图层采样"。

图2-3-5 "填色"工具

Tip

通过调整"容差值"，可更为准确地进行填色。在本例中，当线稿出现较小的缺口时，适当降低容差值，可防止颜色填充到所选区域之外；相反，如想扩大填色范围，则可适当提高容差值。

使用填色工具进行填色（图2-3-6），骷髅头部填充深红色（R: 206, G: 33, B: 87），萝卜填充橙色（R: 252, G: 95,

图2-3-6 填色

B：64），叶子填充黄色（R：254，G：170，B：58）。

如需填充渐变色，在选择相应的渐变类型后，在填充区域进行拖动、编辑即可。在渐变编辑线上点击，即可不断添加新的渐变颜色（图2-3-7）。

3. 新建图层，使用"硬喷笔"（图2-3-8）、"钢笔"（图2-3-9），绘制阴影（R：107，G：91，B：188）和阴影中的反光

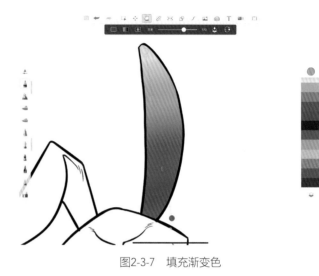

图2-3-7 填充渐变色

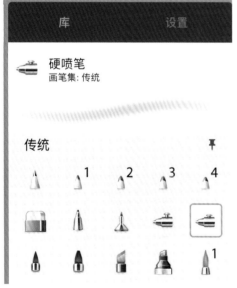

图2-3-8 硬喷笔

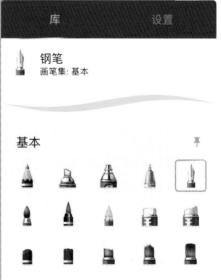

图2-3-9 钢笔

（R：8，G：255，B：149）。

在绘制阴影之前，首先使用"魔棒"工具，并将模式切换为"添加"（图2-3-10），即可通过添加选取的方式，在底色层（图2-3-11）上选择多个需要绘制阴影的区域（图2-3-12），再回到阴影层进行绘制。使用这种方法，可将绘制范围限制在与底色层相同的范围内，降低绘制难度。

图2-3-10　选择工具菜单

图2-3-11　选择底色层的区域

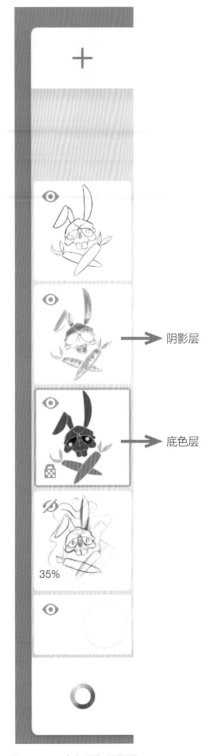

阴影层

底色层

图2-3-12　底色层与阴影层

图2-3-13 完成阴影的绘制

通过使用上文中的方法，逐步完成各区域阴影的绘制（图2-3-13）。

4. 在所有图层下方新建背景层，使用黄色（R：255，G：255，B：76）绘制喷溅形状的图案（图2-3-14）。

但是，这样的背景有些单调，为了使背景更具层次感，在这一层上方继续新建图层，配合使用"飞溅"分类中的各笔刷（图2-3-15），另外绘制两个背景图层（图2-3-16、图2-3-17）。

图2-3-14 背景图案

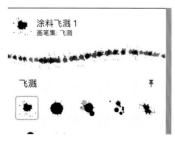

图2-3-15 "飞溅"分类笔刷

图2-3-16 飞溅效果背景（1）

图2-3-17 飞溅效果背景（2）

图2-3-18 黄色背景图层为"饱和度"叠加模式

在图层属性中，为上方两个背景图层选择不同的叠加模式（图2-3-18、图2-3-19），使不同背景图层之间的颜色互相叠加，产生更加丰富有趣的效果（图2-3-20）。

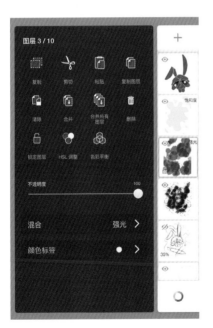

图2-3-19 蓝紫色背景图层为"强光"叠加模式

图2-3-20 多个背景层叠加效果

5. 调整细节，完成作品的绘制（图2-3-21）。

图2-3-21　最终效果

6. 点击界面左上角的菜单，在弹出选项中点击"分享"保存作品（图2-3-22）。

图2-3-22　保存作品

第**3**章

插画创作
——Procreate

提到iOS系统中用于数字插画创作的App，Procreate毫无疑问是使用人数最多的一款。其界面简洁，但功能完整，尤其是其丰富多样的画笔和手势操作，使艺术家们可以在简单明了的界面上创作出高水平的插画作品。

Procreate的界面设置以绘画为核心，左侧的滑动条可方便地对画笔进行调整；上方为操作、调整、选择、变换按钮，可对画面进行整体的编辑或调整；右侧则可在画笔、橡皮、涂抹之间进行切换，或对图层、颜色进行选取（图3-0-1）。使用新版Apple Pencil还可快速在画笔、橡皮之间进行切换，以及设置为使用手指对画面直接涂抹。除了简单的按钮外，Procreate界面的大部分区域都留给用户进行绘画，十分接近传统绘画体验。

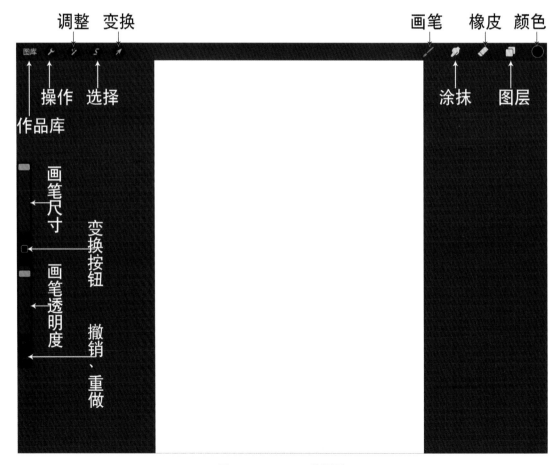

图3-0-1　Procreate的界面

3.1 人物插画创作

人物插画是数字插画最主要的一个主题，在本例中，我们将绘制一幅造型风格较为平面的人物作品。

1. 新建画布，在画笔库的"绘图"分类中，选择"6B铅笔"（图3-1-1），使用黑色（R：0，G：0，B：0），在默认图层1上画出人物造型草图（图3-1-2）。

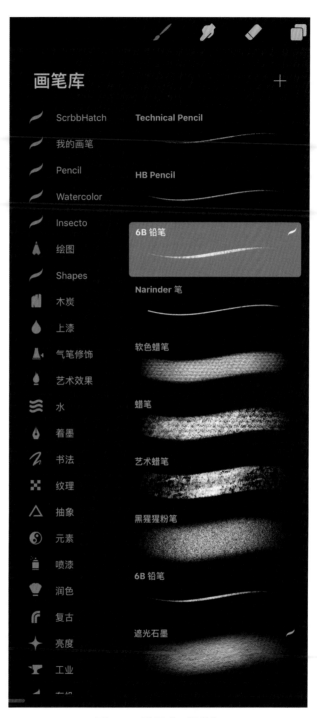

图3-1-1 选择"6B铅笔"

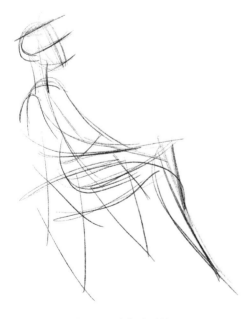

图3-1-2 人物造型草图

新建图层，画出人物造型线稿（图3-1-3），并重命名为"线稿"。

Tip

用户在Procreate（包括其他绘图App）绘画的过程中，常会创建较多图层，为了便于对其进行辨认，可在图层面板上点击图层，并在弹出菜单中点击"重命名"，自行为图层命名。

图3-1-3 人物造型线稿

2. 新建图层，在画笔库中的"上漆"分类中，选择"Nikko Rull"画笔（图3-1-4）。根据线稿，画出人物皮肤的颜色（图3-1-5）。在绘制中，暂时不考虑皮肤的轮廓，先画出颜色的变化。

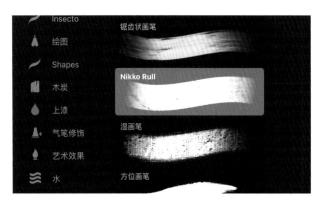

图3-1-4 "Nikko Rull"画笔

皮肤主色（R：253，G：230，B：236）

皮肤红色（R：253，G：162，B：187）

皮肤亮部（R：253，G：240，B：245）

图3-1-5 人物皮肤的颜色

点击图层，在弹出的菜单中选择"蒙版"（图3-1-6），使用黑色在蒙版层上绘制，去除轮廓外面的部分（图3-1-7）。

图3-1-6　图层菜单

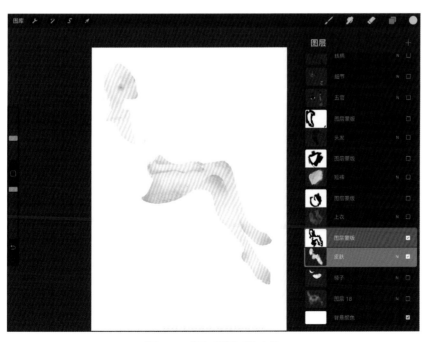

图3-1-7　添加蒙版后的皮肤

Tip

蒙版是在CG领域应用相当广泛的概念，是通过将一张黑白灰度图像作为蒙版，来规定另一张图像的显示区域与透明区域的技术（图3-1-8）。一般来讲，蒙版图像为黑色的区域，另一张图像的相应区域为透明；蒙版图像为白色的区域，另一张图像相应的区域则完全显示；蒙版图像为灰色的区域，另一张图像的相应区域则呈不同程度的半透明状态。在绘图过程中，通过使用蒙版功能，可以更好地保留笔刷的质感和色彩的变化，保持画笔纹理的连贯性。

图3-1-8　添加蒙版的原理

3. 使用与上一步相同的方法，结合蒙版功能，新建图层，完成人物其他部分的上色（图3-1-9）。

由于人物的各部分为独立的图层，所以在绘制中要注意图层之间相互覆盖的位置，合理安排图层顺序，避免出现图层之间漏涂颜色，或者造型不连贯的问题。

4. 新建图层，根据需要选择相应的画笔（图3-1-10），为画面

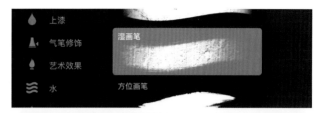

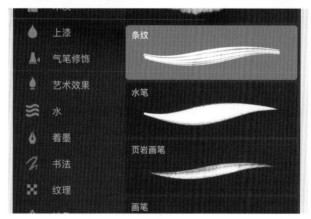
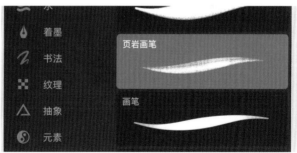

图3-1-10 细节层使用的各种画笔

■ 头发（R：80，G：11，B：33）

■ 上衣（R：15，G：86，B：162）

■ 短裤（R：96，G：190，B：206）

图3-1-9 人物其他部分的上色

添加更多细节（图3-1-11）。

5. 绘制背景中窗外的树丛。由于窗外的树位于较远的位置，在画面中处于次要位置，所以在绘制时，使用较为概括的方法，大体绘制出树冠的形状和造型特点，利用色彩的明暗、冷暖关系来塑造树冠的体积即可（图3-1-12）。

图3-1-11　添加细节

树丛黄（R：251，G：249，B：165）

树丛绿（R：186，G：198，B：109）

树枝（R：163，G：61，B：103）

图3-1-12　绘制窗外树丛

6. 在所有图层的顶部新建图层，将图层混合模式切换为"对比度"下面的"叠加"（图3-1-13）。在这一层上使用尺寸较大的画笔绘制颜色（图3-1-14），使画面的色彩更加丰富且统一（图3-1-15）。

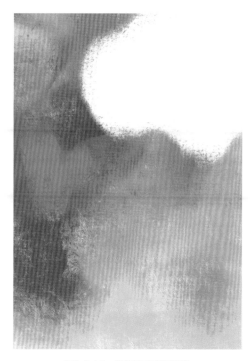

图3-1-14 顶部图层的颜色

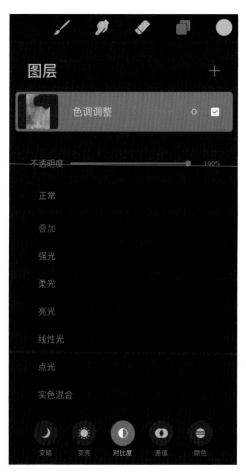

图3-1-13 修改顶部图层的混合模式

图3-1-15 完成图

3.2 静物插画创作

得益于iPad的便携性和Procreate的易用性，一些艺术家用iPad代替传统的绘画工具，直接进行写生创作。下面以一幅写生作品为例，进行讲解和示范。

1. 新建A4大小的画布，根据实物或照片，选择"铅笔"工具，使用黑色（R：0，G：0，B：0），在默认的图层上绘制草图（图3-2-1），或直接绘制色彩草图（图3-2-2），对画面色彩搭配进行简单的构思。

进行大面积色彩的绘制时，可增大画笔尺寸进行涂画。在本图中，使用了黄、绿倾向的相近色，以保持画面色彩的和谐。

2. 绘制背景。将墙、石台顶面和石台侧面分别绘制在独立的图层，可方便进行纹理的绘制。

图3-2-1　黑白草图

墙（R：253，G：193，B：35）

石台（R：209，G：181，B：110）

石台亮部（R：236，G：207，B：128）

花盆（R：44，G：53，B：71）

树枝（R：85，G：51，B：40）

树叶（R：28，G：58，B：58）

图3-2-2　色彩草图

新建图层，选择"上漆"分类中的"Nikko Rull""湿画笔"等不同纹理的笔刷（图3-2-3），使用黄色系颜色为墙上色（图3-2-4）。

新建图层，在界面左上方的"选择"工具（图3-2-5）中，使用"矩形"选择模式（图3-2-6），拖拽出石台的形状（图3-2-7），填入基础颜色后，点击该图层，选择"Alpha锁定"（或在图层面板上，使用两指将图层从左向右滑

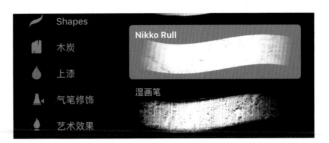

图3-2-3　"Nikko Rull""湿画笔"

图3-2-5　"选择"工具

图3-2-6　"矩形"选择模式

图3-2-4　墙

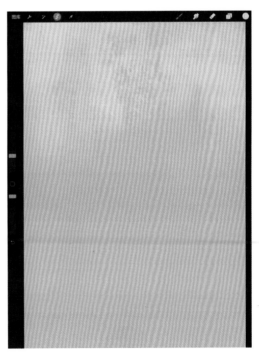

图3-2-7　创建石台形状

动）（图3-2-8），配合使用"上漆"分类中的笔刷（也可根据喜好自行选择）为其继续添加质感纹理（图3-2-9）。

使用相同方法绘制细节，完成墙、石台的绘制。使用矩形绘制、填充的石台边缘较死板，可使用橡皮或画笔将边缘擦出纹理和破损的痕迹（图3-2-10）。

3. 根据草图、实物参考，画出花盆（R：56，G：62，B：87）、树枝（R：63，G：43，B：20）、树叶（R：37，G：87，B：51），

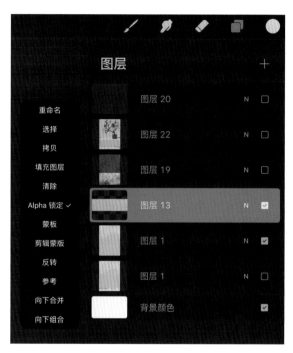

图3-2-8　使用"Alpha锁定"

图3-2-9　添加纹理

图3-2-10　完成石台的绘制

均画在独立的图层上（图3-2-11）。
初学者应首先认真观察树枝和树叶
的生长规律，再进行绘制。绘制
时，注意安排树枝、树叶的疏密关
系，对画面进行一定程度的调整，
以便营造出美感，切忌照抄实物。

4. 新建若干图层，利用"Alpha
锁定"功能为树的不同部位添加更
多色彩细节和纹理效果（图3-2-12）。
灵活使用不同画笔绘制不同部分，
如使用"有机"分类中的"芦苇"
画笔（图3-2-13），画出树枝中颜
色较深的纹理（图3-2-14）。

图3-2-11　绘制花盆、树枝、树叶

图3-2-12　添加色彩细节和纹理效果

图3-2-13　"芦苇"画笔

图3-2-14　树枝颜色深浅不同

5. 新建图层，分别绘制花盆上的图案，以及盆栽在墙和石台上的投影（图3-2-15）。为了拉开层次，投影使用了较暖的颜色（R：255，G：184，B：146），并将投影层的叠加模式更改为"正片叠底"（图3-2-16）。

图3-2-15　绘制图案、投影

图3-2-16　图层叠加模式"正片叠底"

6. 在所有图层上方新建图层，将图层叠加模式调整为"对比度"下的"柔光"（图3-2-17）。在此图层涂画颜色，调整色调，使画面的色彩更加统一（图3-2-18）。

7. 添加、调整细节，完成作品（图3-2-19）。

图3-2-18　色调调整层效果

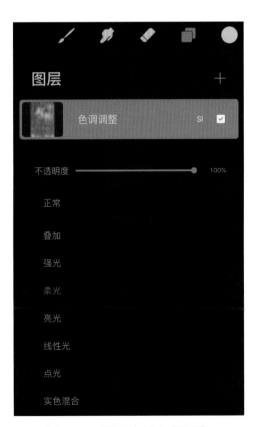

图3-2-17　图层叠加模式"柔光"

图3-2-19　完成作品

3.3
简约风插画创作

随着不断的更新和发展，Procreate在原有基础上发展出越来越多的功能，除了偏重于笔触感强的、写实类的作品外，也能够用于更多风格作品的绘制。下面的例子中，将利用Procreate在软件更新中推出的"快速图形"工具，绘制一幅矢量风格的插画作品。

1. 新建A4大小的画布，新建图层，选择"绘图"分类中的"6B铅笔"，使用黑色（R：0，G：0，B：0），画出草图（图3-3-1）。

2. 开始绘制线稿。降低草图层的透明度，并使用"着墨"分类中的"细尖"画笔（图3-3-2），绘制出除荷花之外部分的线稿（图3-3-3）。

图3-3-1　草图

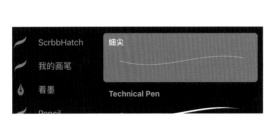

图3-3-2　"细尖"画笔

图3-3-3　部分线稿

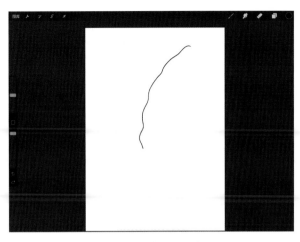

图3-3-4 绘制一条线

绘制矢量风格的插画作品时，经常会用到"快速图形"工具来绘制流畅、规则的形状。在绘制完一段线条或一个形状后，保持画笔不离开屏幕，即可激活"快速图形"工具。具体操作步骤如下。

先绘制一条线，完成后将画笔保持在屏幕上（图3-3-4）。

保持几秒之后，线条成为光滑的曲线。点击上方的"编辑形状"工具，即可进入图形编辑模式（图3-3-5）。

在"弧形"和"线"等选项中选择"弧形"后，曲线上出现控制点，可任意拖动控制点控制曲线的形状（图3-3-6）。

利用此功能，可很方便地绘制出直线、曲线、三角形、圆形、四边形等规则形状（图3-3-7）。

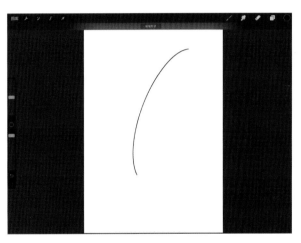

图3-3-5 进入图形编辑模式

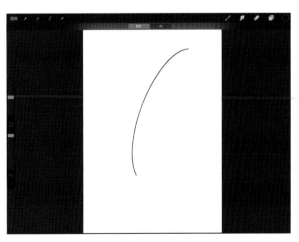

图3-3-6 拖动控制点

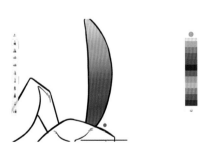

图3-3-7 可绘制的规则图形

3. 新建图层，利用"绘图指引"功能绘制荷花的花瓣。打开"操作"-"画布"-"绘图指引"后面的开关（图3-3-8）。点击"编辑绘图指引"，选择"对称"，并选择下方的"垂直"，将对称参考线拖动放置到荷花中间花瓣的中心位置（图3-3-9）。

图3-3-8　绘图指引

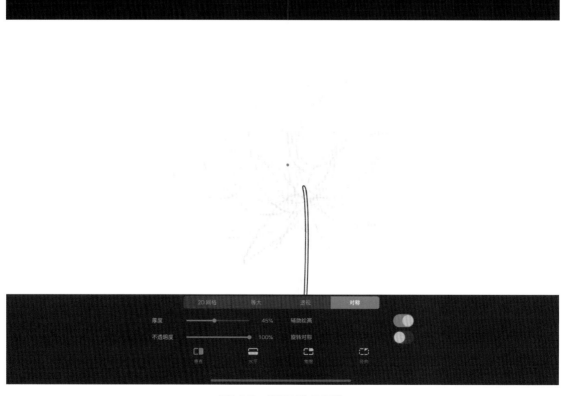

图3-3-9　放置对称参考线

继续使用上一步中使用的"细尖画笔"，绘制出对称的荷花花瓣（图3-3-10）。

点击当前图层，选择"参考"（图3-3-11），然后新建图层，并在新建图层上按照参考层的区域填充桃红色（R：250，G：16，B：191）。

填充后，在图层菜单中点击"Alpha锁定"，并选择"气笔修饰"中的"软画笔"（图3-3-12），使用绿色（R：83，G：203，B：202）为花瓣绘制渐变效果（图3-3-13）。

图3-3-11　将线稿设为参考层

> **Tip**
>
> 使用参考功能，将线稿层设置为参考层后，可在另一个独立的图层上，根据设为"参考层"的线稿层进行填色，从而保证线稿层与填色层的相互独立。

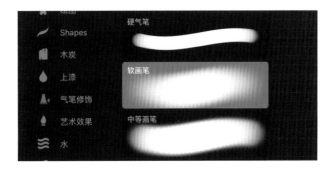

图3-3-12　软画笔

图3-3-10　绘制花瓣

图3-3-13　花瓣渐变效果

4. 将填好色的花瓣层根据草图的设计不断复制，并使用"变换"工具进行调整，通过叠加图层，分出前后层次，逐步绘制完成整个荷花（图3-3-14）。

根据前后层次，将花瓣分别放入不同的图层组，并通过在后面花瓣层的上方叠加图层，填充冷色，来区分前后花瓣的层次。添加图层，为花瓣的不同位置添加细节，并整理图层（图3-3-15）。

图3-3-15　图层组顺序

Tip

详细的图层叠加设置，请参考本书配套的案例源文件。

5. 新建图层，将步骤2中所绘制的线稿层设为参考层，为其它部分填充颜色（图3-3-16）。尽量将不同部分的颜色分配至单独的图层中，方便后期进行调整。

背景紫（R：93，G：62，B：139）
荷叶蓝（R：96，G：237，B：254）
荷叶绿（R：95，G：255，B：219）
荷花红（R：254，G：33，B：142）

图3-3-14　复制完成整个荷花

图3-3-16　填色

新建图层，通过使用图层菜单中的"Alpha锁定""选择"功能，限定绘制范围后，使用"气笔修饰"分类中的"软画笔"，为荷叶叠加颜色图层（图3-3-17），使其色彩更加丰富（图3-3-18）。

图3-3-17 叠加颜色图层

6. 依次点击"操作"-"添加"-"插入照片"，将系统相册中的照片导入（图3-3-19）。使用"选择"工具后（图3-3-20），在界面下方选择"自动"选择模式

图3-3-19 导入照片

图3-3-18 叠加后的效果

图3-3-20 "选择"工具

（图3-3-21），选择天空部分后将其擦除（图3-3-22），并将保留的建筑部分放置到所需位置（图3-3-23）。

使用"调整"菜单中的"色相、饱和度、亮度"工具（图3-3-24），把饱和度滑动条拖动到最左

图3-3-21 "自动"选择模式

图3-3-22 擦除天空

图3-3-24 "调整"菜单

图3-3-23 放置到背景层前方

侧，将照片素材调整为黑白色（图
3-3-25）。

　　使用"调整"菜单中的"曲
线"工具，拖动各颜色通道的曲线
（图3-3-26），将其调整为如图
3-3-27所示的颜色。

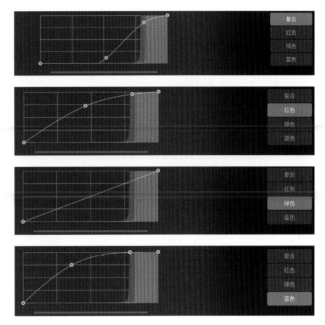

图3-3-26　调整各颜色的曲线

图3-3-25　调整照片素材的颜色

图3-3-27　调整曲线后的图像

复制出多个图层，使用不同的叠加模式，继续调整效果（图3-3-28），图层顺序如图3-3-29所示。

调整后的照片素材效果如图3-3-30所示。

图3-3-29 图层顺序

图3-3-28 复制出多个图层并调整叠加模式

图3-3-30 增加照片素材后的效果

7. 新建图层，绘制背景中的太阳。在"选择"工具中选择"椭圆形"，绘制椭圆形选区的同时，用另一只手指点按在画布上，即可绘制正圆形选区。使用为花瓣上色的方法，为太阳绘制颜色（图3-3-31）。

为太阳图层添加蒙版，并使用"选择"工具绘制条纹图案的蒙版（图3-3-32），从而制作复古的太阳图案（图3-3-33）。

■ 上部红色（R：255，G：54，B：153）
■ 下部绿色（R：70，G：244，B：201）

图3-3-31　圆形太阳

图3-3-32　条纹蒙版

图3-3-33　添加蒙版的太阳图案

新建图层，使用"钢笔"工具，利用"绘图指引"功能绘制背景中的放射线（R：72，G：0，B：176），得到如图3-3-34所示效果。

8. 进一步调整画面效果。将太阳图层、线稿层、放射线图层复制后，使用"调整"菜单中的"高斯模糊"将其模糊处理（图3-3-35），并将图层模式改为"亮光"模式，与原图层叠加出辉光效果（图3-3-36）。

9. 新建图层，调整画面色调

图3-3-34　绘制放射线

图3-3-35　高斯模糊

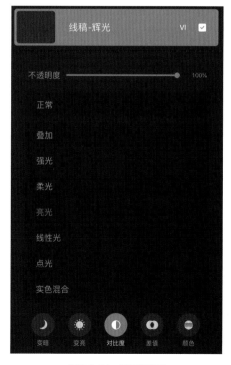

图3-3-36　辉光图层

层（图3-3-37），实现更加丰富的色彩关系（图3-3-38）。

　　在Procreate中使用较多图层时，为提高工作效率，应合理安排图层，并将图层分组整理。最终的图层结构可参考图3-3-39。

　　本案例使用了较多图层来构成画面，并运用了大量图层蒙版、叠加等效果，可参照本书配套的案例源文件进一步查看图层的排列组合方式，理解各功能的使用。

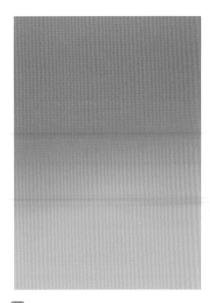

渐变红色：R：194，G：116，B：180

渐变绿色：R：118，G：195，B：193

图3-3-37　色调调整层

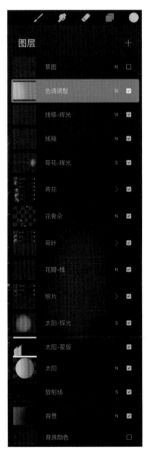

图3-3-39　文件图层顺序

图3-3-38　完成效果

第4章

漫画创作
——MediBang Paint

来自日本的MediBang Paint是一款横跨PC、MAC、iOS、Android多个平台的漫画绘制软件,深受广大漫画家、漫画爱好者的喜爱。MediBang Paint专为漫画,尤其是日式风格漫画的绘制进行了优化,所提供的画纸、笔刷、分格等工具都是专为适应漫画领域的工作流程而设计的。

MediBang Paint的界面(图4-0-1)看似复杂,实则很容易掌握。与前两章所使用的Sketchbook和Procreate极力简化的界面不同,MediBang Paint将多数功能都以按钮的方式体现在界面上,与传统数字绘画软件界面较为相似。MediBang Paint界面的最上方为工具栏,可在画笔、橡皮、选择等工具之间进行选择;左侧的辅助菜单可对已经完成的选区、画笔等工具进行进一步的设定或操作;笔刷、颜色与其他软件一样,可对笔刷的类型、颜色进行选择;右侧则是常用的图层面板;由于功能较为复杂,MediBang Paint提供了快捷键菜单,可由用户自定义选择一些常用功能按钮进行便捷操作。

图4-0-1 MediBang Paint的界面

4.1
卡通人物造型设计

下面我们将使用MediBang Paint来完成一幅线条流畅、圆润可爱的Q版人物造型。

1. 打开MediBang Paint，点击界面左侧的"新建画布"，然后根据需要选择所画布尺寸，或自行设定。本例选择了"预设"中的"商业志（A4稿纸）"，点击"完成"后进入绘画界面（图4-1-1）。

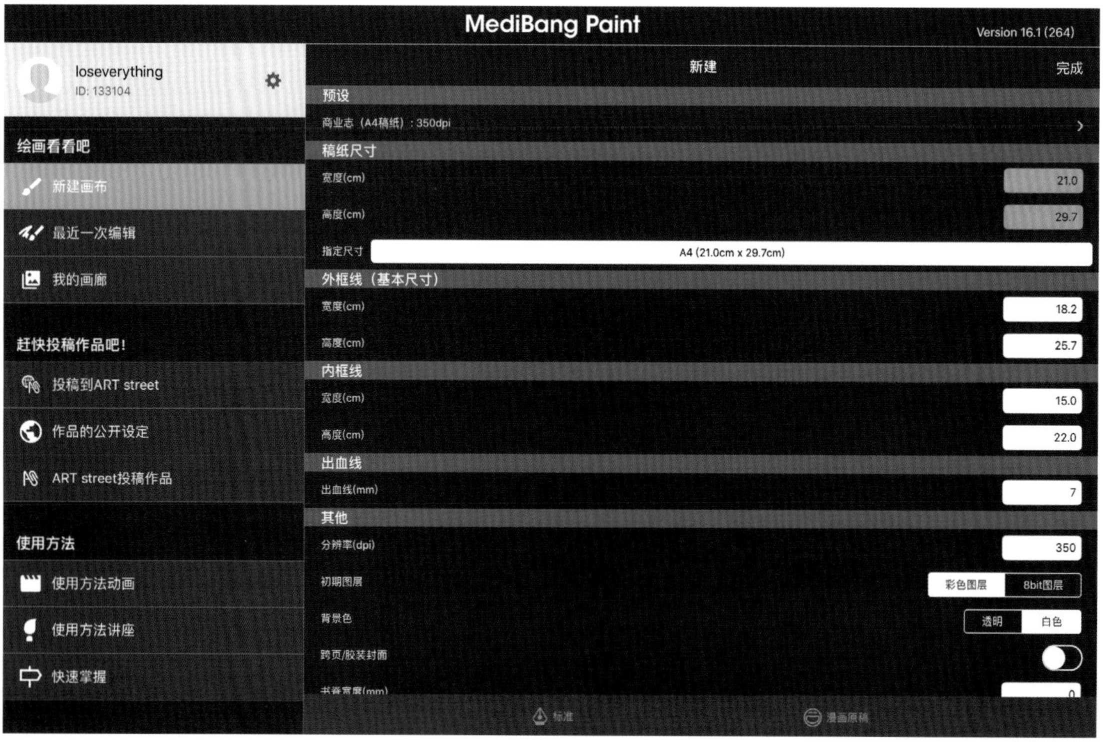

图4-1-1　选择画布预设

MediBang Paint所提供的多种预设画布格式基本覆盖了常用的日式漫画所需尺寸，甚至包括了部分美式漫画格式尺寸，创作者只要进行选择即可。

2. 选择"画笔"工具，在笔刷列表中选择"铅笔"（图4-1-2），在默认图层上用黑色绘制草图（图4-1-3）。

在绘制漫草图时，人物造型细节的完成度可视自身的绘画熟练程度而定。如对造型不确定，可将草图的细节尽量完善，为线稿的绘制提供更多参考依据。

图4-1-2 画笔列表

图4-1-3 草图

3. 在图层面板的上端，拖动不透明度滑动条，将草图层的透明度降低到20%（图4-1-4）。

在图层面板中，点击"+"按钮，新建一个彩色图层。在笔刷列表中，选择"G笔尖"（图4-1-5），使用较深的棕色（R：99，G：29，B：0）绘制出线稿（图4-1-6）。

图4-1-4　图层不透明度

图4-1-5　G笔尖

图4-1-6　线稿

Tip

漫画作品的线条一般较为流畅，而在光滑的屏幕上绘制流畅的线稿对初学者来说有一定难度，甚至对富有经验的艺术家来说也不是一件容易的事情。针对这种情况，MediBang Paint提供了"绘制辅助"工具。"绘制辅助"工具按钮位于界面左侧。点击"绘制辅助"工具按钮后，在弹出菜单中选择相应的绘制辅助工具，从而更加快捷地绘制斜线、水平线、垂直线、放射线、曲线等规则的线条（图4-1-7）。

图4-1-7 "绘制辅助"工具

59

选择"并行""十字"标尺后，在画布上出现相应的辅助网格（图4-1-8、图4-1-9），即可直接绘制倾斜45度的斜线，或水平、垂直的直线。

图4-1-8　并行标尺网格

图4-1-9　十字标尺网格

使用"曲线""椭圆"等工具时，则需先创建所需绘制图形的辅助线，调整到所需形状后（图4-1-10），再使用画笔在辅助线上描绘线条（图4-1-11）。

使用如上所述的方法，可绘制出造型流畅、美观的线条。

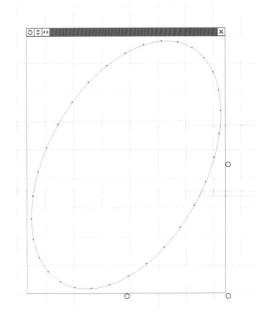

图4-1-10　调整椭圆标尺位置

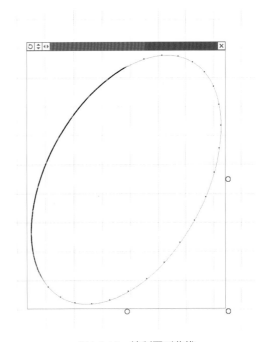

图4-1-11　绘制图形曲线

4. 新建图层，置于线稿层下方（图4-1-12）。点击图层后面的齿轮形状按钮，可为图层重命名，这里将其命名为"底色层"。在界面最上方的工具栏中选择"油漆桶"工具，在新建图层上进行填色（图4-1-13）。

图4-1-12　新建底色层

使用"填充工具"进行填色时，要注意两点：

a. 确保线稿封闭各填色区域，否则会出现漏色现象。如有较小缺口，可通过提高"填充工具"中的"关闭间隙"值来限制填色范围（图4-1-14）。

b. 在"填充工具"的设置中，选择"画布"，则在填色时以画布可见效果取样，这样可以将线稿与底色分别绘制在不同图层。

衣服颜色（R：138，G：240，B：255）

头发颜色（R：56，G：14，B：34）

皮肤颜色（R：255，G：234，B：230）

嘴唇颜色（R：255，G：11，B：149）

图4-1-13　底色层

图4-1-14　"填充工具"选项

5. 确保底色层已填充完整后，打开图层面板上方的"保护透明度"按钮（图4-1-15）。新建图层，使用画笔列表中的"喷枪"（图4-1-16），选择比底色层较深的颜色，为人物绘制阴影效果（图4-1-17）。

图4-1-15 保护透明度

图4-1-17 绘制阴影

笔刷		
毛笔（水墨）	78px 100%	⚙
水彩	22px 91%	⚙
水彩(湿)	10.3px 100%	⚙
亚克力	50px 100%	⚙
喷枪	464px 100%	⚙
模糊	50px 100%	⚙
指尖	305px 100%	⚙
发光效果	500px	

图4-1-16 喷枪

6. 新建图层，为人物的面部
绘制细节。

用界面上方的"自动选择"工
具，选择人物的面部皮肤部分
（图4-1-18）。

新建图层，使用喷枪，选择红
色（R：255，G：84，B：109），
为人物画眼影和腮红（图4-1-19）。

使用相同的方法，为人物的眼
睛绘制细节（图4-1-20）。

分别在单独的图层，绘制头
饰、头发高光等部分（图4-1-21）。

图4-1-19　绘制妆容

图4-1-20　绘制眼睛

图4-1-18　选择面部皮肤

图4-1-21　绘制头饰、头发高光等部分

7. 在所有图层下方新建图层,选择"水彩(湿)"(图4-1-22),为人物绘制简单的背景(图4-1-23)。

8. 打开各图层的"保护透明度",在各图层上绘制绿色倾向的细节或反光,以及绿色倾向的环境色,使画面更加协调;并为背景中的柳叶和荷叶添加部分色彩变化,这样就完成了卡通人物造型整幅作品的创作(图4-1-24)。

图4-1-22 水彩(湿)

图4-1-23 绘制背景

图4-1-24 添加细节

4.2
人物漫画创作

在本节案例中，为了绘制更为丰富和细致的画面效果，我们运用了MediBang Paint的画笔、图层等功能来为人物绘制细节。

1. 新建"商业志（A4稿纸）"文件。选择"铅笔"工具，使用黑色（R：0，G：0，B：0），在默认图层上画出草图，绘制中注意人物的动态和比例关系（图4-2-1）。

通过使用"选择"工具和"变形"工具，可快捷方便地对人物的比例、造型进行调整。首先选择需要调整角度、大小的身体部分（图4-2-2），然后点击"变形"按钮

图4-2-1 草图

图4-2-2 选择面部

，即可对所选区域进行大小、角度、形状的调整（图4-2-3～图4-2-6）。

图4-2-3 调整大小

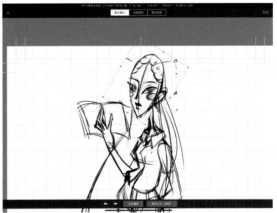

图4-2-4 调整角度

图4-2-5 自由变形

图4-2-6 网点变形

2. 新建图层，降低图层透明度，使用"G笔尖"描绘线稿（图4-2-7）。

在线稿层下方新建图层，使用"油漆桶"工具为人物填充底色（图4-2-8）。为了方便绘制，尽量将不同部位分别画在独立的图层上（图4-2-9）。

图4-2-7　线稿

图4-2-9　图层顺序

图4-2-8　填充底色

3. 选择画笔中的"水彩（湿）"工具，为人物绘制阴影、细节。将底色与阴影画在同一图层时，可打开"保护透明度"直接绘制即可；如需将阴影与底色绘制在分离的图层，则可使用"剪取"功能。

具体操作为，在裤子的底色层上新建阴影层，点击激活上方的"剪取"按钮，阴影层前方出现向下的箭头，表示此图层已成为下方图层的剪取层（图4-2-10）。

直接在阴影层上绘制阴影，由于本层是下一层的剪取层，所以只有与下一层重合的部分才会显示，从而保证阴影只能绘制在裤子范围内（图4-2-11）。

图4-2-10 创建剪取层

图4-2-11 剪取层显示的范围与底色层一致

4. 使用相同的方法，完成人物身体各部分细节的绘制（图4-2-12）。

5. 除了笔刷列表中的笔刷外，MediBang Paint还可通过云端添加更多不同特色的笔刷。点击笔刷列表上方的"+"按钮，在弹出菜单中选择"追加笔刷"（图4-2-13），

图4-2-12　绘制细节

图4-2-13　追加笔刷

即可进入云端笔刷列表（需连接
Internet），点击需要的笔刷，将其
直接添加到笔刷列表中（图4-2-14）。

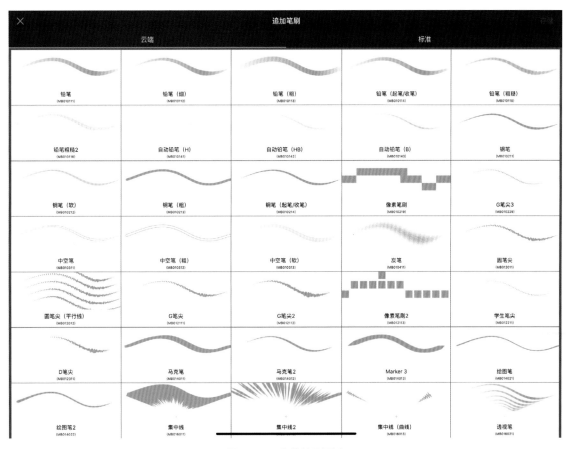

图4-2-14　在线笔刷列表

在本例中，使用了花瓣笔刷，选择浅绿色（R：26，G：255，B：0）和深绿色（R：0，G：87，B：96）作为前景色和背景色。在笔刷设定中，将颜色抖动设定为34（图4-2-15），则笔刷的颜色在一定范围内在前景色和背景色之间随机变化。

如图4-2-16所示，新建图层，为人物身体周围绘制花瓣。

图4-2-15　花瓣笔刷

图4-2-16　绘制花瓣

在花瓣层上方新建一个图层，在弹出菜单中选择"蒙版图层"（图4-2-17）。在蒙版图层上用黑色将花瓣处于人物身后的区域涂黑（图4-2-18），则黑色区域内的花瓣不再显示，这样就完成了该人物漫画的创作（图4-2-19）。

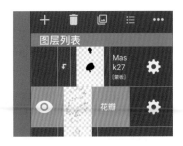

图4-2-18 蒙版图层

图4-2-17 添加蒙版图层

图4-2-19 将部分花瓣隐藏

4.3
四格漫画创作

在本节当中，我们将介绍MediBang Paint为传统四格漫画创作者所提供的工具以及其用法，这些工具也是MediBang Paint区别于其它绘图软件之处。

1. 新建画布，在预设菜单中，选择"商业志4格漫画（有标题）"（图4-3-1）。

除了直接使用已有的分格模板之外（图4-3-2），还可以使用"新建漫画格素材"工具  和"漫画格自动分割"工具 （图4-3-3）更自由地制作漫画分格。

图4-3-1　新建画布

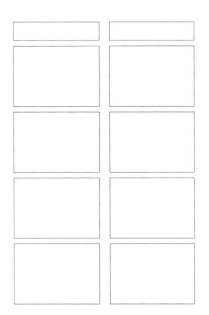

图4-3-2　预设漫画分格

图4-3-3　创建自定义漫画分格

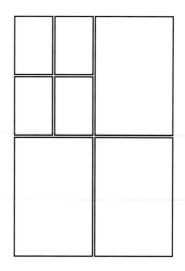

新建任意画布后，点击"新建漫画格素材"按钮，可通过输入数据来创建自定义漫画分格（图4-3-3）。

创建基础分格后，可以继续手动对漫画格进行分割（图4-3-4）。

或者使用"漫画格自动分格"工具，选择需要分割的单格后，将单个格子进行细分（图4-3-5）。

2. 这里继续使用通过预设创建的画布"商业志 4格漫画（有标题）"，选择"铅笔"工具，使用黑色在默认图层上绘制漫画草图（图4-3-6）。在绘制四格漫画草图时，要将对白等文字的位置一起设计出来。

图4-3-5 分割单格

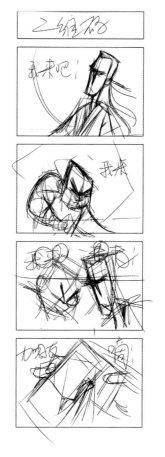

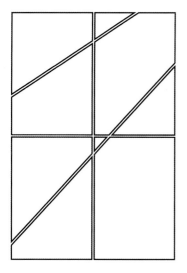

图4-3-4 手动分割

图4-3-6 漫画草图

新建图层，使用"圆笔尖"和"毛笔（水墨）"笔刷绘制线稿（图4-3-7）。使用"毛笔（水墨）"笔刷，可为画面增添年代感和"武侠"感，从而使前三格的内容与最后一格产生较大反差，以更好地表现情节（图4-3-8）。

3. 新建图层，在图层类型中选择"半色调图层"（图4-3-9），以产生网点纸效果。

图4-3-7 "圆笔尖"和"毛笔（水墨）"笔刷

图4-3-8 漫画线稿

图4-3-9 新建"半色调图层"

由于新建图层的"半色调"属性，所以使用任意颜色的画笔绘制时，都只能产生有不同密度的网点效果。使用这种方法，为画面填充网点效果（图4-3-10）。

新建"半色调图层"时可在"网点""竖线""横线"之间选择，这决定了所建图层的半色调类型。在第三格中，为了突出角色之间的冲突气氛，新建一个"竖线"半色调图层，为角色面部绘制阴影（图4-3-11）。

4. 选择文本工具 **T**，在需要放置文字的地方点击，即可直接输入所需文字（图4-3-12）。

图4-3-10　网点效果

图4-3-11　"竖线"效果阴影

图4-3-12　输入文字

当文字处于编辑模式时，可直接移动其位置，或点击铅笔图标 ✐ 再次编辑文字内容。也可以在界面左侧的文本工具中，进一步设置文字的字体、大小、颜色等属性（图4-3-13）。

在第三格中，为了更好地突出文字，将文字颜色设置为白色（图4-3-14），并且为其增加了黑色边缘，该设置如图4-3-15所示。

图4-3-14　文字黑边效果

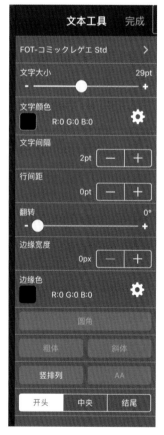

图4-3-13　文本工具

图4-3-15　黑边效果参数

5. 输入所有文字，包括标题，完成绘制（图4-3-16）。

除了绘制漫画、插画之外，MediBang Paint还为用户提供了一个上传作品、交流的平台——ART street。在软件的主界面中，可通过"赶快投稿作品吧"标签下的菜单对作品进行发布（图4-3-17），或查看其他用户上传的作品，并进行评论、交流。

投稿到ART street：将自己的作品发布到ART street平台。

作品的公开设定：为自己的作品发布进行设置。

ART street投稿作品：查看平台上其他作品，可进行分享、收藏、评论。

图4-3-16 完成绘制

图4-3-17 "赶快投稿作品吧"标签

第5章

矢量图形绘制
——Vectornator和Affinity Designer

在iPad Pro发布初期,有限的App还只能供插画师、设计师进行灵感的记录和草图的绘制,很难制作精度要求更高的矢量图形作品。然而,随着iPad Pro性能的提升和更多软件开发公司对iOS平台的重视,现在已经出现一些矢量图形制作App。本章所选择的Vectornator和Affinity Designer是比较具有代表性的两款App。

Vectornator(图5-0-1)是一款功能相当完整的矢量图形绘画软件,路径、图层、文字等工具的功能都较为丰富。设计师可以像使用桌面电脑设计软件一样绘制完整的作品,并可将作品导出为AI、SVG、PNG等多种格式。

Affinity Designer功能非常强大,可进行矢量图形、插画的设计和绘制(图5-0-2)。Affinity Desinger可随时在位图模式和矢量模式间切换,非常方便。其开发公司Serif针对矢量绘图、照片编辑、桌面出版推出了Affinity Designer、Affinity Photo、Affinity Publisher多款软件,具有较完整的工作流程,可配合使用来提高工作效率。

图5-0-1　Vectornator软件Logo

图5-0-2　Affinity Designer软件Logo

Tip

本书1～4章中所介绍的都是基于位图的绘图App,图像由很多像素组合而成,在绘制时较为随意,但图像不能随意放大;而在本章中所介绍的矢量作品中,图形是独立的对象,由点和点之间的曲线构成,每个图形都具有形状、颜色、特效等属性。所以两类作品的绘制方法也有较大区别。

5.1 Logo的制作
——Vectornator

常见的矢量绘图软件的功能和界面都较为复杂，而Vectornator很难得地在保留了常用矢量绘图功能的同时，为用户提供了一个较为简练的操作界面，降低了其学习门槛。Vectornator的界面简单地分为绘图工具、操作栏、属性选择和属性栏几部分，一目了然，用户可快速找到所需功能（图5-1-1）。

Vectornator功能全面且易于上手，本例中的Logo设计作品将使用Vectornator来进行快速绘制。

1. 创意阶段。本Logo是为一个旅游媒体设计的，要求使用北极狐形象，造型简练。针对要求，首先进行草图的绘制（图5-1-2）。此阶段可通过手绘完成，也可使用前面章节使用过的Procreate、SketchBook等绘图App进行绘制。

2. 经过对比，在草图中选定一个方案，就可以开始在Vectornator中进行绘制了。首先，创建一个

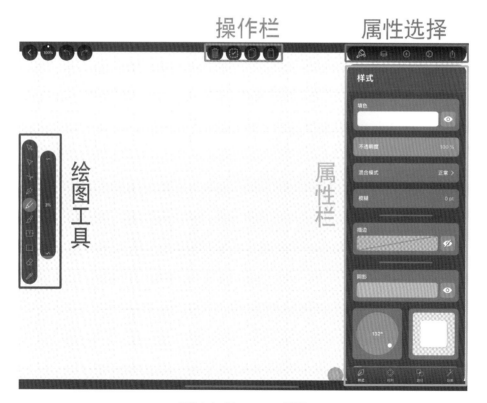

图5-1-1　Vectornator界面

"A4" 画布（图5-1-3）。

3. 进入工作界面后，点击右侧的加号，选择"照片"，从系统相册中将草图导入工作区（图5-1-4）。

打开图层面板，将草图所在图层重命名为"草图"，并将其透明度降低至50%，点击右侧的锁定图标，将图层锁定（图5-1-5）。

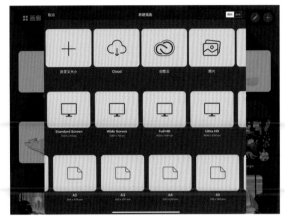

图5-1-3　创建"A4"画布

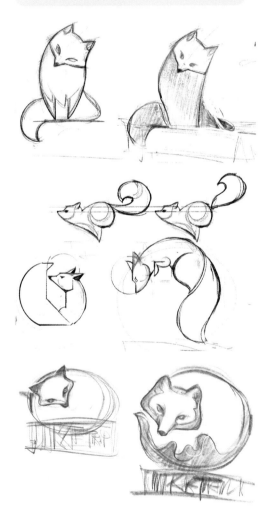

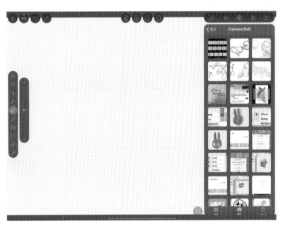

图5-1-4　导入草图

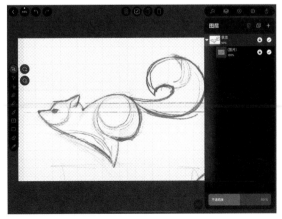

图5-1-2　Logo草图

图5-1-5　设定草图图层

83

4. 新建图层，将其移动到草图层下方。选择"多边形"工具（图5-1-6），点击多边形图标后，将边的数量设定为3（图5-1-7），创建一个三角形，来绘制狐狸身体的前半部分（图5-1-8）。

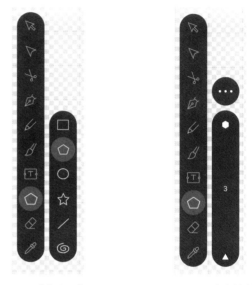

图5-1-6 "多边形"工具　　图5-1-7 设定边的数量

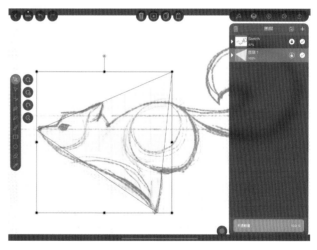

图5-1-8 创建三角形

5. 选择"路径"工具，在添加节点模式下（图5-1-9），在三角形上添加点；创建点后，在路径点上点击两下，可打开两侧的控制手柄，将直线转换为曲线（图5-1-10），并进行调整。将三角形逐渐调整为狐狸身体的形状（图5-1-11）。

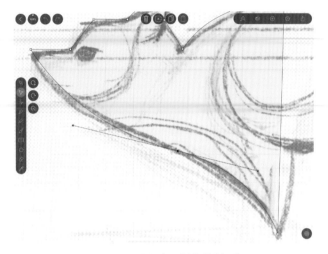

图5-1-10　路径点两侧的控制手柄

> **Tip**
>
> "路径"工具的使用方法与Photoshop、Illustrator等软件相似，可直接拖动控制点来调整位置；双击控制点即可激活两侧的控制手柄，再次双击则切换回直线点模式；在路径空白处点击，可增加新的控制点。

图5-1-9　"路径"工具

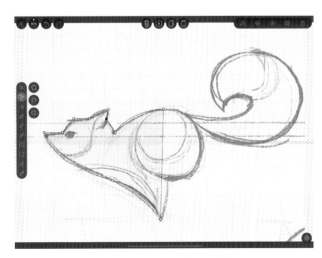

图5-1-11　调整三角形形状

6. 在"图形"工具中选择圆形（图5-1-12），绘制一个圆形，组成狐狸身体的后半部分。

然后，使用相同的方法，创建一个圆形，通过添加和调整路径点的方法，将其调整为尾巴的形状（图5-1-13）。

Tip

点击界面右上角的齿轮图标，在弹出菜单的下方找到"对准"菜单（图5-1-14），可以准确绘制点到路径或网格，其它点对齐或自动对齐。

图5-1-12　圆形　　　　　图5-1-14　"对准"菜单

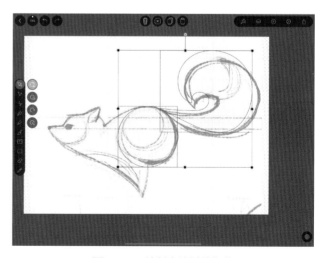

图5-1-13　绘制身体其他部分

7. 复制当前图层（图层面板右侧第二个按钮），并重命名为"阴影"。取消图层右侧的对号，隐藏图层1（图5-1-15）。

选择狐狸身体后部的圆形，在工具栏中点击选择工具，并在弹出选项中选择复制模式（图5-1-16），拖动复制一个圆形。

8. 取消选择工具的复制模式，激活多选模式。同时选择两个圆形，点击界面右侧的笔刷按钮，选择"路径"-"布尔"-"相减"（图5-1-17），生成身体阴影部分（图5-1-18）。

图5-1-15 复制图层

图5-1-16 复制模式

图5-1-17 "布尔"菜单

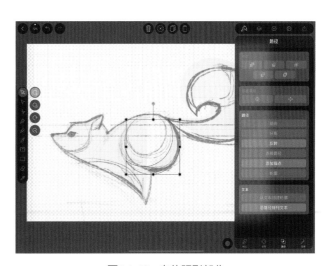

图5-1-18 身体阴影部分

9. 调整各部分颜色，并完成眼睛和鼻子的绘制。在绘制眼睛时，可以先画出大概的形状，然后再用"路径"工具进行调整。鼻子则可以使用上一步中所使用的"布尔"工具，使用一个圆形与身体进行布尔运算，选择"交叉"模式（图5-1-19），保留圆形与鼻子重叠的部分，从而得到鼻子尖的形状图（图5-1-20）。

10. 使用前面的方法，绘制其他阴影部分。使用"矩形"工具，画出边框。使用"布尔"工具，单独制作出文字区域（图5-1-21）。

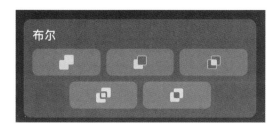

图5-1-19 "交叉"模式布尔运算

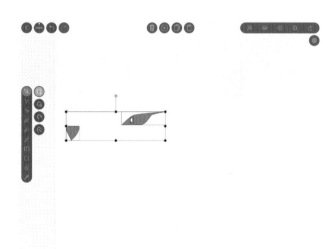

图5-1-20 鼻子与眼睛

Tip

绘制圆形、矩形等图形时，按住键盘的Shift键，能绘制宽比为1∶1的正圆、正方形。

背景渐变上部蓝色（R：201，G：255，B：250）
背景渐变下部浅蓝色（R：238，G：255，B：254）
狐狸阴影色（R：208，G：242，B：248）
狐狸鼻子、眼睛色（R：62，G：116，B：151）
文字框底色（R：146，G：221，B：235）

图5-1-21 绘制阴影、边框

11. 使用"文本"工具(图5-1-22),为Logo添加文字"TRIP"(图5-1-23)。

12. 点击笔刷按钮,选择"样式"菜单,为狐狸和边框都添加阴影效果(图5-1-24、图5-1-25)。整个作品的图层结构如图5-1-26所示。

矢量图形的绘制方法与前文所讲的位图绘画的方法有所不同,大家可结合本书配套的案例源文件进行学习和理解。

图5-1-23 添加文字

图5-1-25 阴影效果

图5-1-22 "文本"工具

图5-1-24 阴影参数

图5-1-26 最终图层结构

13. 最后，将文件导出。在导出选项中（图5-1-27），可将图像导出为常见的JPG、PNG、AI等文件格式，也可以通过"文件"或"创意云"将文件导入到Adobe Illustrator中进行进一步的编辑。

图5-1-27　导出选项

5.2
矢量插画的绘制
——Affinity Designer

在制作更为复杂的矢量插画时，除了使用Vectornator之外，设计师会选择另一款功能更为强大的矢量绘图软件——Affinity Designer。Affinity Designer的功能更加全面，甚至接近桌面级的矢量软件。更为特别的是，Affinity Designer还具有矢量和像素两种工作模式，方便了设计师在两者之间切换，实现更为丰富的设计效果。

在Affinity Designer的界面中（图5-2-1），最特别的是其工作空间切换功能。点击上方的三个按钮，可方便地在矢量、像素、发布之间切换，从而进入不同的工作空间；工具栏、辅助工具栏、工具选项，都供用户对工具进行选择、设置，从而对画面、对象进行操作。右侧的Studio栏则提供了更为详细的功能，如图层、图层效果、文本、调整等选项。

相比上一节的Vectornator，本节中所使用的Affinity Designer功能更为强大。下面的案例通过使用Affinity Designer独特的"工作空间"功能，在不同"工作空间"中逐步完成草图、图形绘制和色彩纹理效果的设计。

图5-2-1　Affinity Designer的界面

1. 打开Affinity Designer，点击"新建文档"，在文档分类中，选择"打印""A4"，确定画布为纵向，点击"确定"创建画布（图5-2-2）。

2. 首先点击界面左上方的"像素"按钮（图5-2-3），进入"像素"工作空间。然后，在左侧工具栏中，选择"绘图画笔"工具（图5-2-4），并在右侧Studio栏中点击"画笔"图标，在弹出的列表中选择"Mechanical Pencil 6B"（图5-2-5），在默认图层上直接绘

图5-2-3 点击"像素"按钮

图5-2-4 "绘图画笔"工具

图5-2-2 新建文档

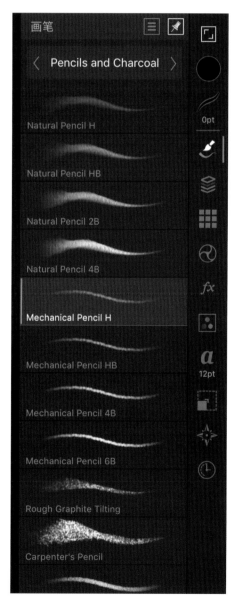

图5-2-5 选择"Mechanical Pencil 6B"

制草图（图5-2-6）。

笔刷可根据个人习惯进行选择，建议在形成固定习惯之前，多对不同笔刷进行尝试。

3. 绘制完草图后，首先点击界面左上角的按钮 ，将工作空间切换为"矢量"，开始矢量图形的绘制。

点击左侧工具栏的"图形"工具 ，再次点击后，在弹出的图形列表中选择"椭圆形"（图5-2-7）。

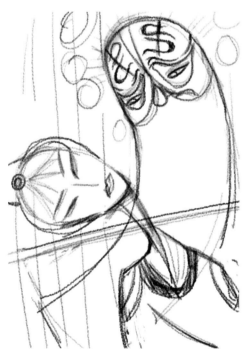

图5-2-6　草图

图5-2-7　图形工具

根据草图在虞姬的面部绘制一个椭圆形（图5-2-8），可使用"移动"工具对齐椭圆与草图的位置（图5-2-9）。

在工具栏中，点击移动工具下方的"节点"工具，再次点击椭圆，在绘画区下方的选项中，点击"至曲线"（图5-2-10），可将图形转换为可编辑的曲线，从而进行增加、删除节点，改变形状等操作。

使用"节点"工具，点击选择椭圆形上位于虞姬下巴位置的点，在画布下方的选项中，点击"锐化"（图5-2-11），以产生尖锐的下巴形状（图5-2-12）。

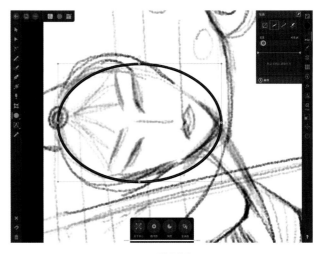

图5-2-8　绘制椭圆形

图5-2-9　"移动"工具　　　图5-2-10　至曲线

图5-2-11　锐化

Tip

在Affinity Designer中，节点有三种基本类型——"锐化""平滑""智能"，针对不同图形可选择不同节点，从而获得不同编辑方式。

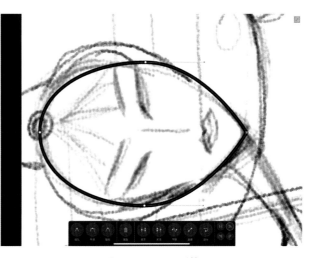

图5-2-12　下巴形状

在虞姬头发位置创建椭圆形，并将其转化为可编辑的曲线（同前文）。在椭圆位于头两侧的位置分别点击，添加新的节点（图5-2-13）。

将椭圆最右侧的点向左拖动至头发中间位置，并将其转换为"锐化"点。继续添加点、编辑点的位置和手柄，将头发调整为草图所绘制的形状（图5-2-14）。

在移动点的过程中，如需辅助网格，可点击左上角的"文件"按钮，打开"网格"和"吸附"功能（图5-2-15）。点击"网格"按钮后，可在界面下方的菜单中对网格进行详细设置，以便配合作品绘制（图5-2-16）。

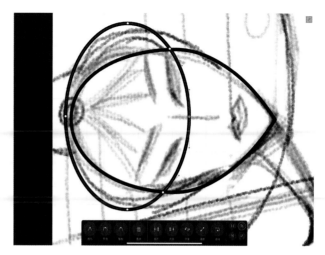

图5-2-13 添加头发节点

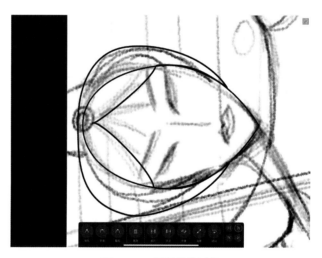

图5-2-14 调整头发形状

图5-2-15 打开网格

图5-2-16 网格选项

4. 使用与上一步相同的方法，绘制出整张图的线稿（图5-2-17）。为了方便看到草图，暂时不要为图形着色。点击右侧的"笔画"按钮，可调整线的粗细（图5-2-18）。

除了使用预置的图形之外，也可以使用"钢笔"工具绘制自定义形状。

绘制较为复杂的曲线时，可使用"矢量画笔"工具直接绘制，并在绘制完成后，通过"笔画"菜单中的曲线同步调整笔画的粗细（图5-2-19）。

图5-2-17　绘制线稿

图5-2-18　"笔画"设置

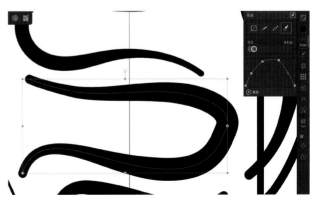

图5-2-19　同步调整笔画粗细

5. 打开界面右侧的颜色面板，颜色面板左上角左侧的圆环控制图形的填充颜色，右侧的圆环控制图形的边框颜色（图5-2-20）。

图5-2-20　颜色面板

在画面中逐个选择图形，并在颜色面板中为其填充颜色（图5-2-21）。

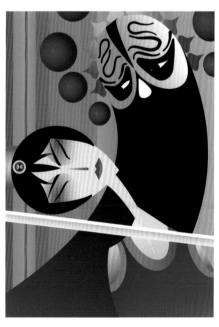

图5-2-21　填充颜色

选择图形后，在左侧的工具栏中选择"填充"工具，可为图形填充渐变色。在画布下方的菜单中（图5-2-22），可选择不同的渐变类型（线性、椭圆形、径向、锥形）。编辑渐变色时，需分别选择渐变色的起始位置与两个位置的颜色。

为图形填充颜色时，为保证显示正确，需在"图层"面板中，将图层按照前后顺序进行排序（图5-2-23）。矢量作品图层和图形的排列较为复杂，请参照本书配套的案例源文件进行理解。

图5-2-23　图层顺序

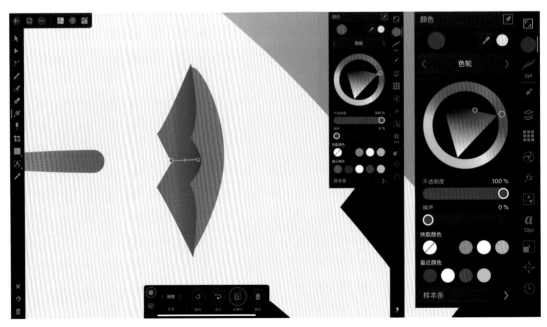

图5-2-22　编辑渐变色

6. 完成颜色的设置后，进入"像素"工作空间，为画面添加更多细节。

切换到"像素"工作空间后，首先选择所需绘制细节的图形，然后打开"画笔"工具（图5-2-24），选择所需笔刷，在图形上直接绘制即可（图5-2-25）。

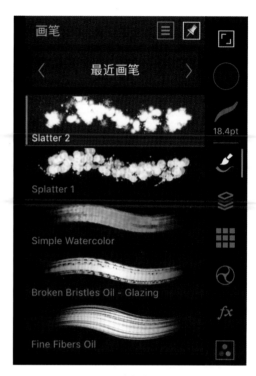

图5-2-24 绘制中所用画笔

图5-2-25 绘制效果

7. 最后，还可以使用右侧菜单中的"调整"工具对画面的色彩进行进一步调整（图5-2-26）。在本例中，首先通过拖动，将图层整理为如图5-2-27所示的结构。

选择人物层后，在调整菜单中点击"曲线"命令，增加色倾向（图5-2-28）。

图5-2-27　图层顺序

图5-2-26　"调整"工具

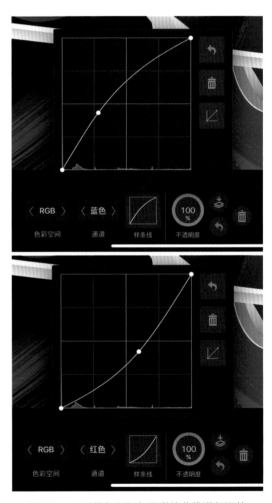

图5-2-28　对蓝色和红色通道的曲线进行调整

选择背景层，对背景层使用"曲线"（图5-2-29）和"渐变贴图"（图5-2-30），使其统一在蓝和深红色系中。

最终作品如图5-2-31所示。

8. 由于矢量软件常常用来绘制幅面较大的作品，所以用户对作品的输出常常有较高的要求。在Affinity Designer中有两种输出作品的方式。

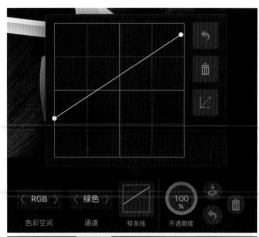

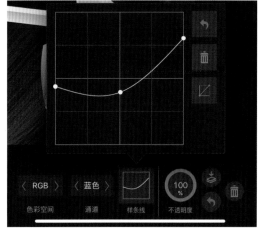

图5-2-29 对绿色和蓝色通道的曲线进行调整

图5-2-31 最终画面效果

图5-2-30 设置"渐变贴图"

一种是点击界面左上角的"文档"按钮，选择"导出"（图5-2-32），即可打开导出菜单（图5-2-33）。

在导出菜单中，可对导出的图像进行详细设置，如选择文件的格式、尺寸、质量等。点击"确定"，即可将图像保存到文件夹中。

第二种更为详细。首先切换到"导出"工作空间（图5-2-34）。

图5-2-32　选择"导出"

图5-2-34　"导出"工作空间

图5-2-33　导出菜单

在左侧的工具栏中，通过使用
"切片"和"切片选择"工具（图
5-2-35），为图像创建不同的切片
（图5-2-36），并在右侧的"切
片"面板中进行选择、导出（图
5-2-37），即可将同一个作品的不
同区域、不同对象分别导出为单独
的图像。

图5-2-35　"切片"和"切片选择"工具

Tip

"切片"工具的功能是将
一张完整的图片划分、切割成
若干个不同的区域，并对其进
行分别导出或存储。"切片选
择"工具则可以针对切片所划
分区域，进行进一步的调整。

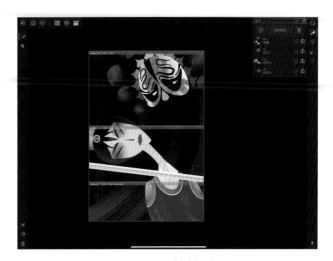

图5-2-36　创建切片

图5-2-37　选择切片进行导出

导出的文件将保存在文件目录中，选择相应的目录后，点击切片面板中的"全部导出"，可将所有切片同时导出；或点击单个切片后面的箭头按钮，选择所需导出的切片即可将其导出（图5-2-38）。

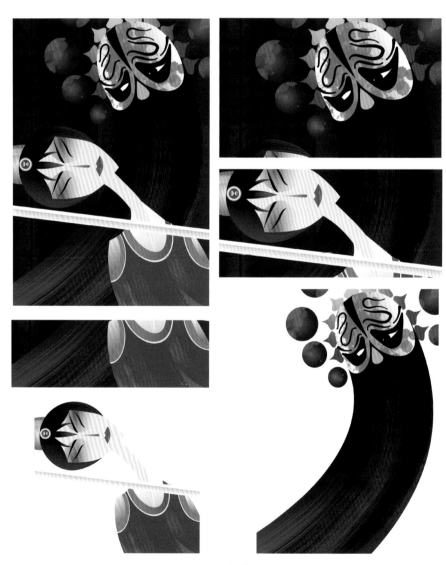

图5-2-38　将各切片分别导出

第6章

动画创作
——RoughAnimator

iPad艺术家们已经不满足于画静态的草图、插画、漫画等作品，而App Store中也提供了很多用来绘制动画的软件。很多软件可以通过简单的操作，制作出有趣的动画效果；而对于专业的绘画、动画爱好者以及从业人员来说，则可以选择更专业、更自由的逐帧动画App。

笔者曾经使用过多个逐帧动画App，它们功能相似而各有所长。

动画桌拥有较为完整的动画绘制功能，和相对丰富的笔刷，且界面与传统动画师所使用的桌子有些相似，简单易懂（图6-0-1）。

图6-0-1　动画桌软件Logo

FlipPad是著名的电脑端逐帧动画软件FlipBook的iOS版本（图6-0-2），其界面与FlipBook颇为相似，其xsheet功能十分方便，常用FlipBook的动画师可以很快上手。

图6-0-2　FlipPad软件Logo

FlipaClip的界面虽然简单，但具备了最常用的动画功能，学习、使用起来都很容易（图6-0-3）。

图6-0-3　FlipaClip软件Logo

本章将要讲解、使用的Rough Animator，是由一位名叫Jacob Kafka的动画师开发的，因此其界面更加符合职业动画师的工作方式，在简单易学的同时，提供了相当全面的功能（图6-0-4）。Rough Animator在iOS、Android、Mac、Windows系统上均提供相应版本，且其工程文件可以导入Flash、After Effects、Toon Boom Harmony

图6-0-4　RoughAnimator软件Logo

等专业动画软件中使用。

由于功能较为全面，Rough Animator的界面相对于其他iPad端的动画App要稍微复杂一些，但只要稍加练习，就可以熟练掌握。

其工作界面主要可分为工具面板、工具选项面板、时间线面板和绘图面板（图6-0-5）。

工具面板：所有工具都在此区域中，包括图像的导入导出、动画帧的操作、绘画工具的选择、时间线的控制等。

工具选项面板：工具的设置选项，例如画笔的大小、填充色的范围等。

时间线面板：时间线的显示与控制。

绘图面板：绘制动画的区域。

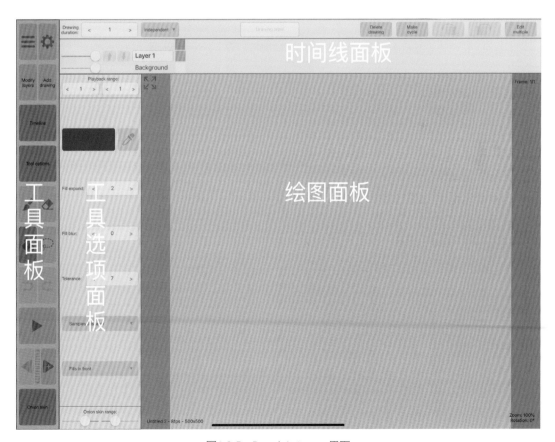

图6-0-5　RoughAnimator界面

6.1
表情动画创作

动画表情是QQ、微信等社交软件应用极广的一项功能。表情动画制作通常较为简单，通过使用RoughAnimator，动画师可以轻松绘制具有独特个人风格的动画表情。

1. 打开RoughAnimator，点击右下角的"New project"，创建一个尺寸为500*500，Framerate（每秒帧数）为8的工程文件，命名为"Dab"（图6-1-1）。

Tip

Framerate的数值越高，则动画越流畅，但需要绘制的帧数也越多。

2. 选择"画笔"工具 ，选择桃红色（图6-1-2），在默认图层上开始绘制动画的第1帧（图6-1-3）。由于本章的重点是讲解动画制作，所以这里对造型绘制不作详细讲解。

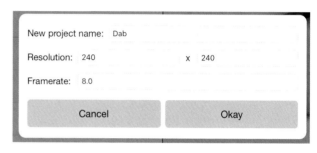

图6-1-1 创建工程文件

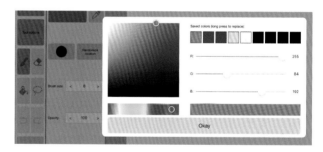

图6-1-2 选取桃红色

图6-1-3 第1帧

为了方便绘制，点击界面左侧的"Modify Layers"-"Add empty layer"来添加新的图层（图6-1-4）。

在本例中，画面分解为两个独立的图层，每个图层都有独立的时间线，以便绘制、修改（图6-1-5）。

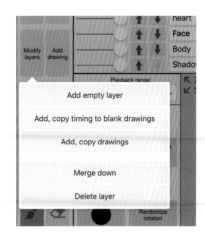

图6-1-4 添加新图层

Tip

最下方的Background层为默认层，可在左上角的文件菜单中选择最后一个命令——"Change background color"（图6-1-6），来改变背景颜色。

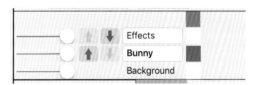

图6-1-5 图层具有自己独立的时间线

图6-1-6 文件菜单

3. 点击"Add drawing"-"Add
after",继续添加动画关键帧(图
6-1-7),并完成其他关键帧的绘制
(图6-1-8)。

绘制新的关键帧时,点击界面
左下角的"Onion Skin"(洋葱
皮)按钮█,即可在绘制的同时以
半透明的方式查看当前帧前后的其
他帧,以作参考(图6-1-9)。

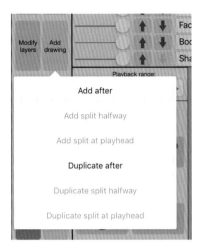

图6-1-7 添加动画关键帧

图6-1-8 绘制关键帧

图6-1-9 查看"Onion Skin"

4. 在相应的关键帧中间绘制中间帧，并完成整个动画（图6-1-10）。其中，第1、6、8帧为关键帧，第2、3、4、5、7、9帧为中间帧。

本例的动画虽然只绘制了9帧（图6-1-11），但由于表情动画时间短、速度快，同时关键帧与中间帧设计合理，所以依然可以实现较为流畅的动画效果。

本案例为"兔理想"系列表情动画之一，大家可打开微信-表情，搜索"兔理想"，进行查看、添加、使用。

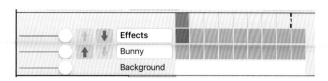

图6-1-11 动画帧

扫码查看案例动画

图6-1-10 添加中间帧

6.2
角色动画创作

得益于专业的动画工具，RoughAnimator除了简单制作简单的表情动画之外，也可以胜任部分角色动画、变形动画的制作工作。

在绘制接下来的动画的过程中，我们把人物和变形的心放入不同图层，在单独的时间线上分别进行设计和绘制。

1. 新建文件，将规格设置为高清视频尺寸——1920*1080，帧频（Framerate）设置为5（图6-2-1），如需更为流畅的动画效果，则需相应提高帧频的数值。

角色动画、变形动画相对复杂，对动画流程的要求也比较严谨。所以，需要在前期进行规划设计，预先绘制动画草图（图6-2-2）。

将绘制草图的图层重命名为"草图"。为了方便在绘制动画时观察动画草图，将草图帧的"Drawing Duration"设置为20帧，使其显示时间延长到整个动画的持续时间，并将图层上的滑动条向左侧拖动，以降低图层的透明度（图6-2-3）。

图6-2-1　新建工程文件

图6-2-2　关键帧草图

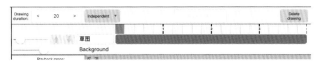

图6-2-3　设置图层

2. 新建人物线稿层，为人物绘制关键帧。

人物动作按照"站立（图6-2-4）—下蹲准备（图6-2-5）—起跳（图6-2-6）—腾空（图6-2-7）—踢腿（图6-2-8）"的顺序进行设计、绘制。

需要注意的是，在设计人物动作关键帧时，应该遵循动画运动规律，控制好运动的速度和节奏感。

3. 新建变形动画图层，为心形图案绘制变形关键帧。绘制时，考虑心形图案的变形路径和变形时所产生的拉伸效果，并添加一部分液态变形效果（图6-2-9）。

图6-2-4　站立

图6-2-5　下蹲准备

图6-2-6　起跳

图6-2-7　腾空

图6-2-8　踢腿

图6-2-9　变形动画关键帧

4. 检查动画，逐步为动画添加中间帧。选择需要添加中间帧之前的帧，点击界面左侧"Add drawing"菜单中的"Add after"，在新建的帧上绘制中间帧（图6-2-10）。

不断检查动画，添加中间帧，完成动画线稿的绘制（图6-2-11）。

5. 使用"油漆桶"工具，为人物和心填充颜色（R：150，G：0，B：0）（图6-2-12）。使用油漆桶填充时，要注意将图封闭，不要有缺口。填充时，可适当调整

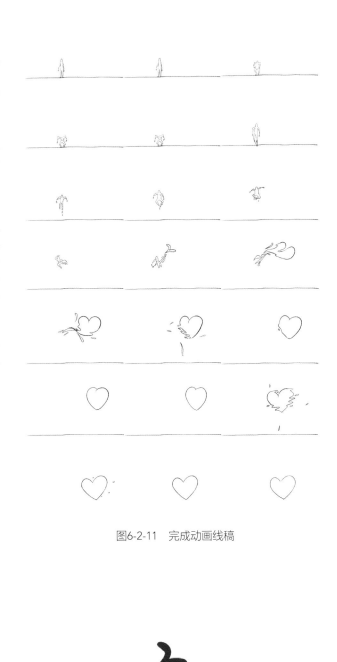

图6-2-11　完成动画线稿

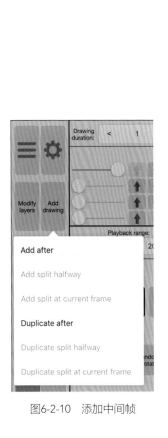

图6-2-10　添加中间帧

图6-2-12　为画面填色

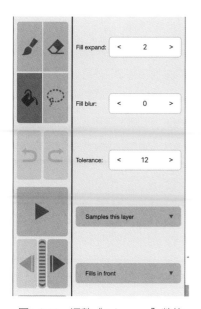

图6-2-13 调整"Tolerance"数值

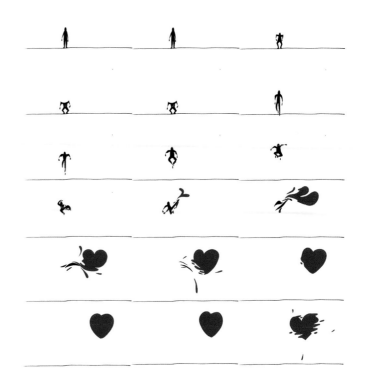

图6-2-16 完成动画帧

图6-2-14 为线条填色

图6-2-15 绘制心的纹理

"Tolerance"的数值（图6-2-13），以填充尽量多的区域。

使用油漆桶工具在线上点击，即可将所选颜色填充到线条上（图6-2-14）。

6. 在心形图层上方新建一个图层，选择画笔，用更亮的红色（R：255，G：0，B：0）为心形绘制高光纹理（图6-2-15），完成动画的绘制（图6-2-16）。

如需更加流畅的动画效果，可继续添加中间帧，并提高帧频。

7. 点击左上角菜单按钮，选择"Export MOV video"（图6-2-17），将视频保存在相册或文件夹中（图6-2-18）。

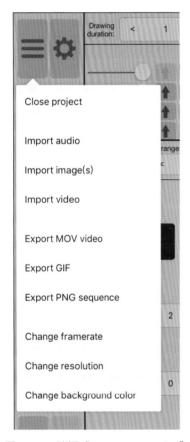

图6-2-17　选择"Export MOV video"

图6-2-18　保存视频文件

扫码查看案例动画